中国航天科工二院二〇八所　航天工业系统第一家科技情报专业研究所，秉承"信息支撑未来"的发展理念，专业领域涵盖科技信息、发展战略、知识产权与标准化、科技出版与传播、科技翻译、科技声像与文化创意、大型会展与科普活动、展览展示工程、信息资源与知识服务、文化传媒、信息化技术、网络安全与运维、通信工程等。依托深厚的专业背景，二〇八所始终坚持激励一代人，打造了一系列特色鲜明的科普出版物与科普活动，用航天精神感染青少年，用航天事业鼓舞青少年，为广大青少年插上了梦想飞天的翅膀。

郭丽娟　中国科普作家协会会员，中国航天科工二院二〇八所《军事文摘》少儿版资深编辑，航天科普活动策划人，与他人合著中国载人航天科学绘本《我想去太空》《飞船升空了》《你好！空间站》。

酒亚光　插画师、设计师，中国科普作家协会美术专业委员会会员，中国载人航天科学绘本《我想去太空》《飞船升空了》《你好！空间站》绘图设计主创。现为北京吸铁猫文化发展有限公司美术总监。

图书在版编目（CIP）数据

月球上的家园 / 郭丽娟著；酒亚光绘 . 一北京：北京联合出版公司，2021.4（2023.1重印）
（带我去月球）
ISBN 978-7-5596-5204-1

Ⅰ . ①月… Ⅱ . ①郭… ②酒… Ⅲ . ①月球探索 - 儿童读物 Ⅳ . ① V1-49

中国版本图书馆 CIP 数据核字（2021）第 062360 号

月球上的家园

著　　者：郭丽娟
绘　　者：酒亚光
出 品 人：赵红仕
责任编辑：夏应鹏

北京联合出版公司出版
（北京市西城区德外大街 83 号楼 9 层　100088）
河北彩和坊印刷有限公司印刷　新华书店经销
字数 30 千字　889 毫米 ×1194 毫米　1/16　印张 7.5
2021 年 4 月第 1 版　2023 年 1 月第 4 次印刷
ISBN 978-7-5596-5204-1
定价：135.00 元（全 3 册）

月球上的家园

MOON

郭丽娟·著
酒亚光·绘

北京联合出版公司
Beijing United Publishing Co., Ltd.

嘿，你好！我是月球机器人"蓝宝"。新一期的月球基地已经开工了，我和小伙伴们从地球来，就是要帮助航天员们一起建设月球上的家园。

月球家园的建设，为什么需要机器人参加？

月球家园的建设很复杂，需要航天员、月球机器人和月球车一起完成。月球车是电动车，主要用来运输航天员和物资。月球基地的工程建造、采矿、探测和设备维护等工作，要由我们月球机器人来完成。

经过一番修整和维护，我在月球基地的工作很快就开始了。一大早，航天员从月面下的洞穴家园里出来，按照提前规划好的路线，带我前往10千米外，建在月面上的另一个基地。

出发前，我看到洞穴家园的上方有一圈厚厚的"沙袋"。里面装的是什么呢？真好奇！

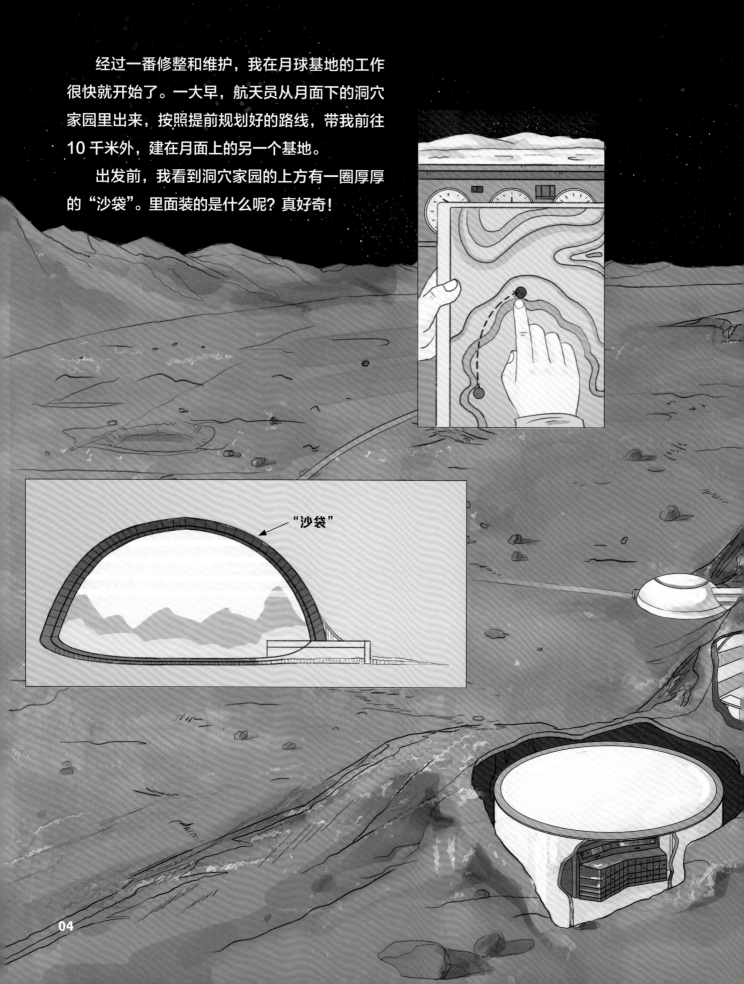

"沙袋"

洞穴家园上方的"沙袋"里装的是什么？

"沙袋"里装的其实是月壤。由于月球没有大气层的保护，白天与夜晚的温差很大（最高150℃，最低–180℃），在洞穴上方掩埋或覆盖装有月壤的"沙袋"，不仅可以起到保温作用，而且能够有效地屏蔽宇宙射线。

"沙袋"

航天员为什么要住在月面下的洞穴家园里？

月球表面的环境非常恶劣，不仅昼夜温差大、宇宙射线强，而且会遭到微流星、陨石和小天体的撞击。将长期居住的家园修建在月面之下的洞穴里，能够防止遭受这些危害。

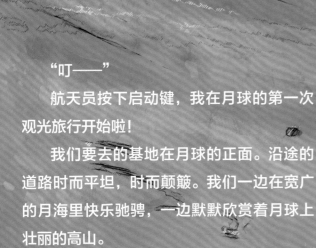

"叮——"

航天员按下启动键，我在月球的第一次观光旅行开始啦！

我们要去的基地在月球的正面。沿途的道路时而平坦，时而颠簸。我们一边在宽广的月海里快乐驰骋，一边默默欣赏着月球上壮丽的高山。

为什么要在月球正面建设基地？

月球表面可以分为月海和月陆。月海是月面上宽广的平原，就像地球上的盆地那样，被山脉包围着。月陆比月海要高出 2000 到 3000 米。整体上看，月球正面的地势平坦，而且易于和地面通信，更适合建基地。

为什么月面会凹凸不平？

月海和月陆上的撞击坑随处可见，尤其是月球背面，撞击坑更多。它们都是被陨石撞击后形成的，包括环形山、辐射纹和一些隆起结构。撞击坑也有年龄，年龄越大，说明被撞击的时间越早。这样的坑退化得越厉害，也就更平坦一些。

坑再多也不怕，翻越障碍可是我们机器人的强项！正当我为越过一小片洼地而高兴时，坏事儿发生了。"嘀嘀——嘀嘀——"警报器突然响起，"出现故障，故障原因——月尘阻塞车轮。"

月尘是机器人的"头号克星"。虽然我的车身已经设置了防尘挡板，但还是没逃过它们的"魔爪"。不过，这可没有难倒经验丰富的航天员，只见他们很快下车，从工具箱里找出电动除尘刷，迅速开始帮我清理车轮里的月尘。

月尘是什么？

月尘是月球表面覆盖的细腻尘土，是月球在形成过程中，被陨石反复撞击后形成的颗粒物。在显微镜下看，它们形态各异、棱角分明，而且带有很多孔隙。在微流星、静电悬浮、人类活动等外力作用下，月尘无处不在。

月面环境具有高度真空、极度干燥的特点，如果月尘进入航天器的机械结构中，就会引起卡死或磨损。航天员在舱外活动时，月尘还有可能划破航天服，卡住航天服的拉链。

放大的月尘

"叮咚——故障已排除，车轮功能恢复！"
虽然耽误了一点时间，但是之后的旅途一帆风
顺。月球基地越来越近，透过多功能电子眼，
我看到从地球运来的基地舱段有的已经建好，
有的正在吊装；几辆遥控月球车正在运输物
资；起重机器人和挖掘机器人都在紧张地忙碌
着。好不热闹！一下子看到这么多机器人，我
突然有种回到地球的感觉。

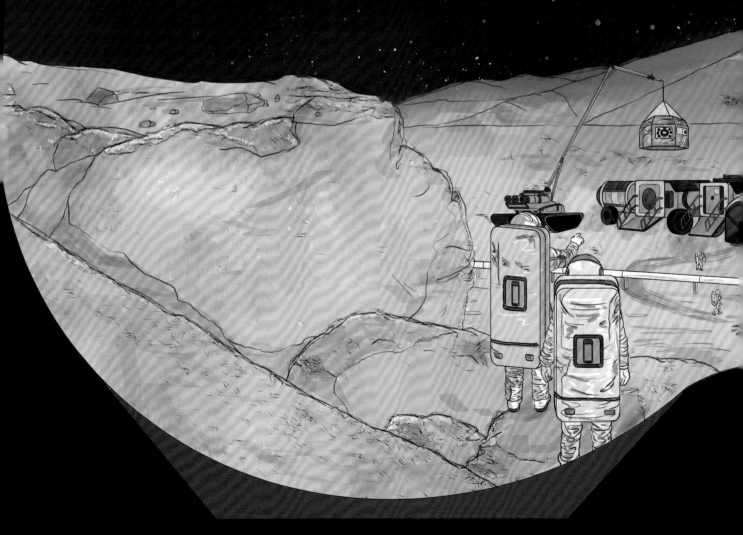

月球基地是如何建造的？

在太空运输过程中，最难的环节是离开地球。如果通过大推力火箭将沉重的舱段一次性运往月球，不仅实现难度大，而且会耗费高昂的成本。我们现在看到的中小型的月球基地，是通过舱段组合的方式来建造的。这些舱段事先在地球上造好，通过小火箭分批发射到近地轨道空间站上，并在那里进行对接，然后再飞往月球。抵达月球后，在航天员的控制下拼装组合成基地。

机器人朋友们，我来啦！快马加鞭，不一会儿，我们就来到了基地现场。咦？好像看到一个眼熟的小机器人。

很快，航天员的同伴已经穿好基地舱段外挂接的航天服。大家一起登上月球车，带着我前往下一个神秘的地点——太阳能发电厂。这次的任务是什么呢？真期待！

航天员为什么要穿舱外航天服？

月球表面是真空环境，航天员在月球基地内部工作和休息时，只需要穿舒适的舱内航天服。进行舱外活动时，就需要穿上舱外航天服。将舱外航天服挂接在基地外，能够防止月尘趁机而入，污染基地里面的环境，损坏机械设备。此外，在危险时刻，舱外挂接的航天服还能充当航天员的生命保障装置。

"开启智能解读功能。"点击手臂上的控制键，我的耳机里马上开始任务解读。哦！原来是这样——

月球家园的建设要消耗大量能源。建在远处的太阳能发电厂，就是基地能源的最大保障。没想到，和我路上的遭遇相似，太阳能发电厂也遭到了月尘的"袭击"。厚厚的月尘堆积在巨大的电池板上，不巧的是，安装在那里的电帘除尘装置又发生了故障，无法正常工作，基地的能源供给即将告急！

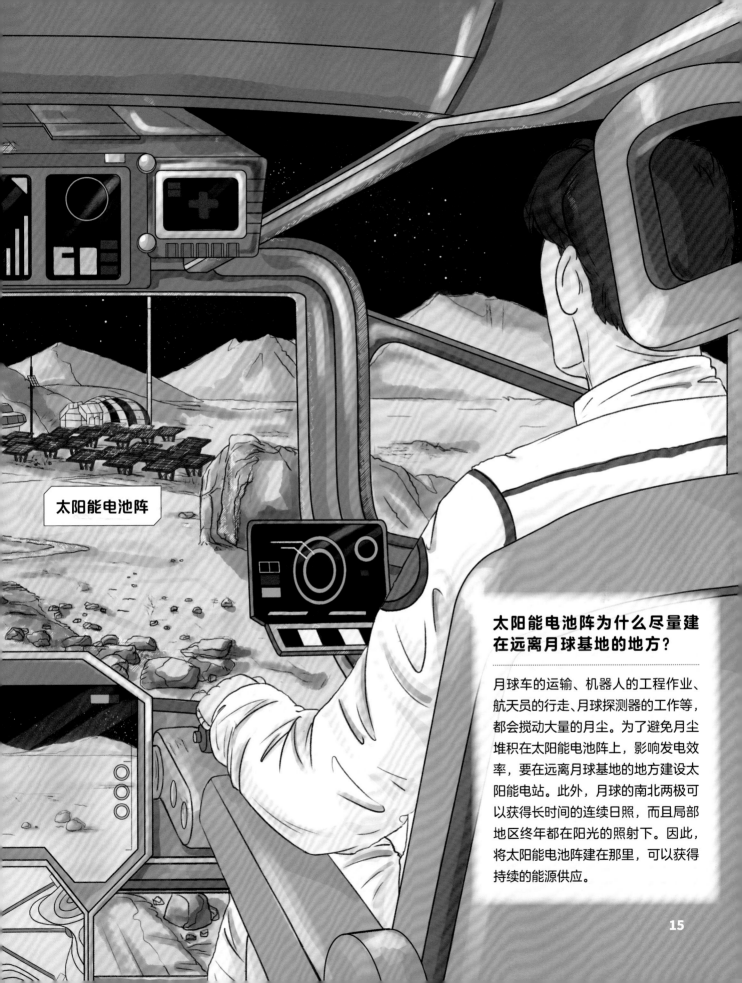

太阳能电池阵

太阳能电池阵为什么尽量建在远离月球基地的地方？

月球车的运输、机器人的工程作业、航天员的行走、月球探测器的工作等，都会搅动大量的月尘。为了避免月尘堆积在太阳能电池阵上，影响发电效率，要在远离月球基地的地方建设太阳能电站。此外，月球的南北两极可以获得长时间的连续日照，而且局部地区终年都在阳光的照射下。因此，将太阳能电池阵建在那里，可以获得持续的能源供应。

情况紧急！航天员驾驶的月球车一路飞驰，我也不甘落后。很快，几排太阳能电池阵就矗立在眼前。大家从电动车上取下维修工具，又取下一个小型除尘机器人。

事不宜迟，除尘工作马上开始。我们各司其职：电帘除尘装置功能最强，大多数太阳能电池板上的月尘都由它来负责清理，还有小部分工作需要除尘机器人的机械臂来帮忙，我负责给大伙搬运工具。

太阳能电池阵的防护方式有哪些？

太阳能电池板表面的材料十分敏感，如果用除尘刷来清理，有可能受到损伤。因此，科学家们利用电帘设备，先让月尘带上电荷，再用与其电荷相反的收集板来吸附，太阳能电池板上的月尘就被搬运并滑到月面上了。此外，月球探测器和机器人的机械臂很灵活，在月尘清理工作中可以帮忙。

　　"嘟——月尘干扰已解除，太阳能
电池板功能一切正常。"

　　听到智能系统的提示，大伙都松了
口气，除尘工作圆满结束，这下不用担
心月球基地的能源危机了。

出来这么久，是时候回家了！

别看月面广袤无边，我们的行进路线却是严格制定好的。如果说地球上是"天有不测风云"，那么月球上就是"天有不测陨石"。为了防止在月面活动时被微流星、陨石或小天体砸到，我们提前设置了不少临时"避难所"，一旦偏离规定线路，就可能有危险了！

如果微流星和较大的小天体撞击月球，基地如何进行防护？

月球没有大气层的保护，微流星和小天体会直接砸到月面上，而且这些撞击很难预测。因此，对于月面上的基地来说，基地的舱段都是用坚固、结实的复合材料来制造的。有的舱段底部带有轮子，在危险来临时，舱段可以马上"逃走"。而建在月面之下的洞穴家园就具有天然的保护屏障。

经过长途跋涉，我们终于到家了。月球车和我要回到机器人大本营，在那里更换蓄电池，进行维护和保养。航天员们要通过气闸舱进入洞穴家园。在进入洞穴内部前，他们的舱外航天服都要通过真空除尘器去除月尘。在洞穴家园里，人类朋友们还要做各种科研工作。

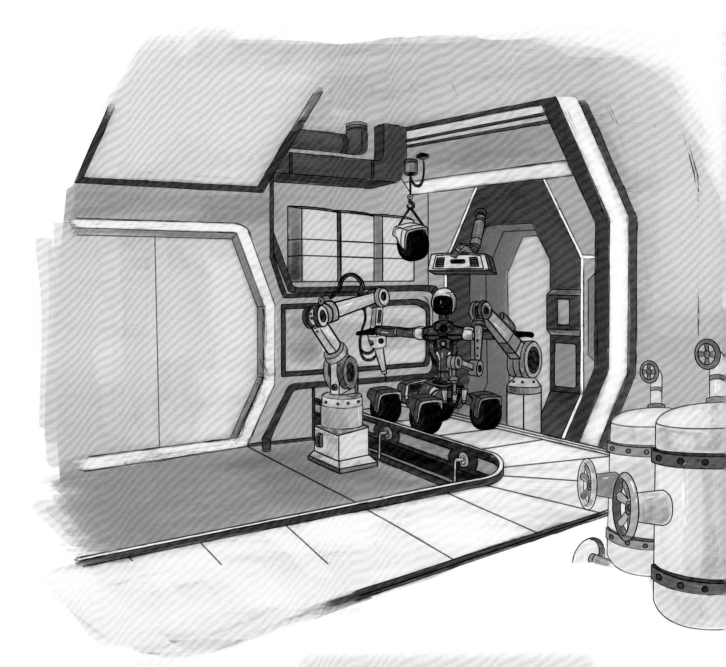

月球基地的气闸舱用来做什么？

气闸舱是保证航天员安全进行舱外活动的关键设施。气闸舱上有两扇门：通向舱外的是外舱门，通向基地内部舱体的是内舱门。航天员出舱前要将气闸舱内的气体放掉，使得气闸舱内的压强接近零，这样才能打开外舱门，进行舱外活动；航天员完成舱外活动，先要回到气闸舱内，关闭气闸舱外舱门后，再向气闸舱内补充气体。只有将气闸舱内恢复到 1 个标准大气压的压强时，才能保证航天员可以进入基地的舱体内部。

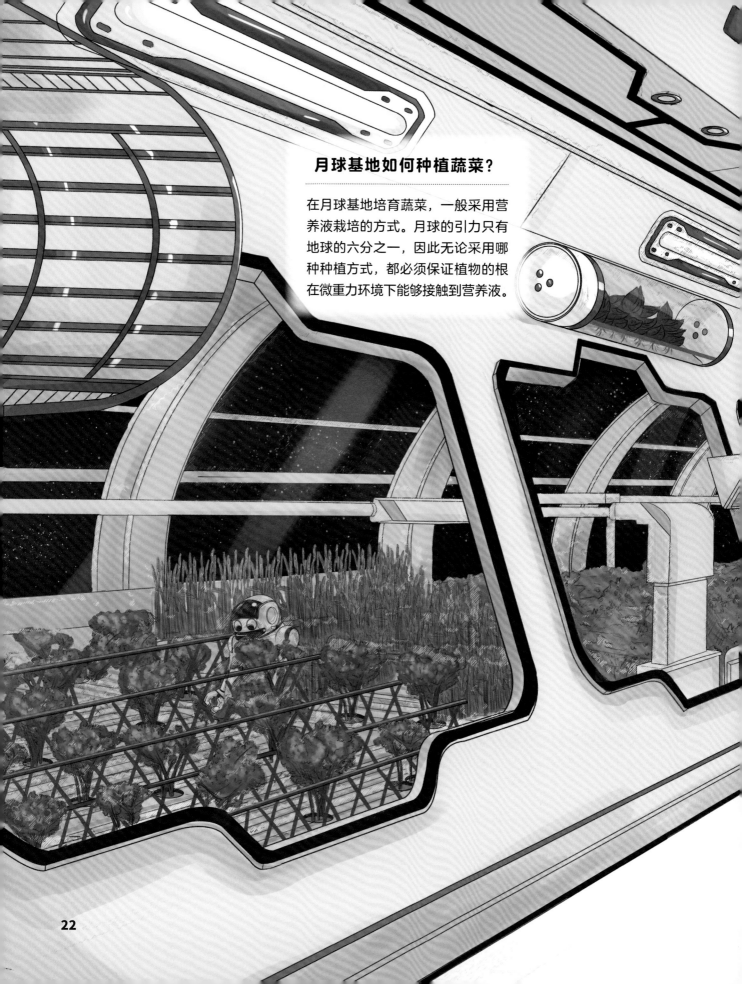

月球基地如何种植蔬菜？

在月球基地培育蔬菜，一般采用营养液栽培的方式。月球的引力只有地球的六分之一，因此无论采用哪种种植方式，都必须保证植物的根在微重力环境下能够接触到营养液。

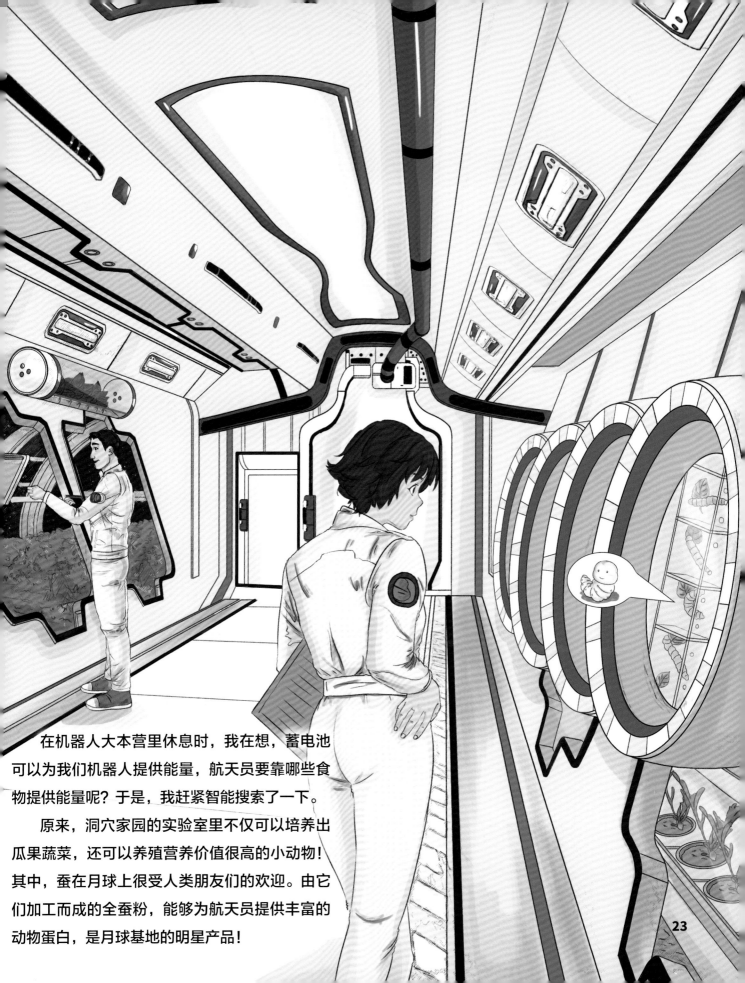

在机器人大本营里休息时，我在想，蓄电池可以为我们机器人提供能量，航天员要靠哪些食物提供能量呢？于是，我赶紧智能搜索了一下。

原来，洞穴家园的实验室里不仅可以培养出瓜果蔬菜，还可以养殖营养价值很高的小动物！其中，蚕在月球上很受人类朋友们的欢迎。由它们加工而成的全蚕粉，能够为航天员提供丰富的动物蛋白，是月球基地的明星产品！

在高度智能化的洞穴家园里，人类朋友们各司其职。他们有的是职业航天员，有的是动植物学家，有的是化学家、医生，还有的是地质学家。在大家的共同努力下，不仅在密闭空间里创造出了美好的生活环境，而且制造出人类赖以生存的空气和水！

制作氧气

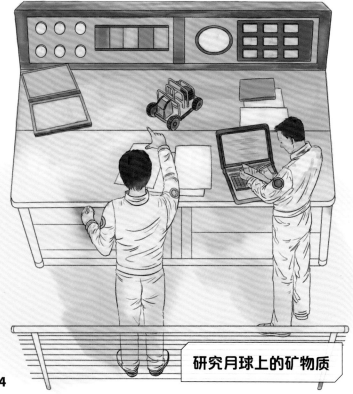

研究月球上的矿物质

月球基地如何制作氧气？

月海玄武岩中含有丰富的钛铁矿，可以从中提取氧元素。钛铁矿能够与氢气发生反应，生成水和钛，然后再通过电解的方式，将水分解成氢气和氧气。此外，月球基地培养的植物也可以通过光合作用吸收二氧化碳，从而产生氧气。

含有水冰的月壤

月球基地需要的水从哪里获得？

根据科学家们的分析，在月球南北两极的永久阴影区有大量水冰。这些水冰存在于月壤中，在真空环境下，将月壤加热到一定温度，再经过蒸馏和冷凝的过程，就可以获得液态水了。

钻取样品

从外面看，人类朋友们的洞穴家园有点其貌不扬，可是里面却和地球上的家园不相上下。杨柳依依，雨雪霏霏，椰林树影，高山大海，都可以通过全息影像展现在人们的眼前。

除了紧张的工作，航天员在洞穴家园里也有很多好玩的休闲时光。他们会和地球上的家人视频聊天，还会经常举行厨艺大赛和运动会呢！有趣的是，这些运动会不仅航天员可以参加，我们机器人也可以同台竞技。听我的朋友们说，他们最喜欢的就是机器人遥控吊装比赛。下次，我也要用我的机械臂好好展示一下！

经过两天时间的休整，我的新任务又要开始啦！这次出行的目的是帮助采矿机器人搬运物资。得知人类朋友们急需矿石和月壤来烧制月球混凝土，我和机器人小伙伴们个个摩拳擦掌，跃跃欲试。你知道吗？我们采完矿后形成的空洞还可以用来做"避难所"呢！

采完矿后形成的空洞有哪些妙用？

月球表面昼夜温差大、宇宙射线强，月球上采完矿后形成的空洞可以当作"临时仓库"。平时将不用的采矿设备和工具放在洞中，能够起到很好的防护作用。另外，经过特殊处理后，这些空洞还可以用来建造工作和居住场所。危险来临时，在舱外活动的航天员、月球车和机器人，可以立刻躲到就近的空洞中避难。

如何制作月球混凝土？

制作月球混凝土的原料主要有水泥、骨料①和水。这些原料从哪里来呢？月球上的岩石里含有大量的钙，经过加工后可以制成月球硅酸盐水泥，而月球混凝土骨料可以从月壤中提取。

① 骨料：又称"集料"。混凝土及砂浆中起骨架和填充作用的粒状材料。 ——编者注

听航天员说，月球混凝土的用处可多啦，在月球背面建造天文观测站要用到它，建造月球火箭发射基地更是需要它。

月球的重力大约只有地球的六分之一，火箭从月球起飞只需要很小的推力。因此，月球将是人类未来通往火星的中转站。

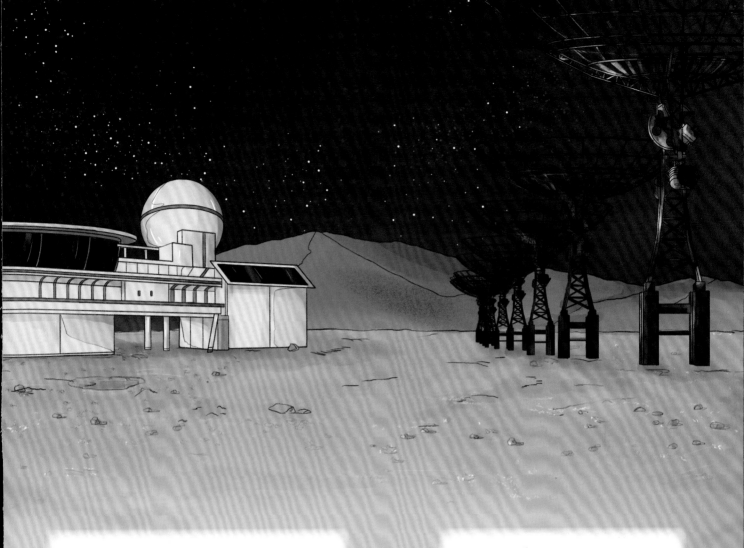

为什么要建造月球火箭发射基地?

月球基地的人员和物资要返回地球或者运往火星,都需要借助月球火箭发射基地。就像地球上的发射场那样,各种设备、人员、车辆和服务要一应俱全。月球是人类登陆的第一个地外星球,未来,人类还要把月球当成迈向深空的"跳板",到更遥远的星球进行探测。

为什么要建造月球背面的天文观测站?

在月球背面建造天文观测站,可以避免来自地球的无线电波和大气的干扰,在那里能观测到更遥远的宇宙。

不知不觉，到月球已经一个多月了。

我真喜欢在这里工作，我知道，将来会有更
多小伙伴来到这里，在月球家园里快乐地生活，
从月球家园去往更遥远的太空……

太阳能电池阵

天文观测站